幼儿小百科

环境保护课

徐琳瑜◎编著

北京联合出版公司
Beijing United Publishing Co.,Ltd.

图书在版编目 (CIP) 数据

环境保护课／徐琳瑜编著 .—北京：北京联合出版公司，2018.5（2023.10 重印）

（幼儿小百科）

ISBN 978-7-5596-1938-9

Ⅰ．①环… Ⅱ．①徐… Ⅲ．①环境保护－儿童读物 Ⅳ．① X-49

中国版本图书馆 CIP 数据核字 (2018) 第 068743 号

幼儿小百科

·环境保护课·

选题策划：

项目策划：冷寒风

责任编辑：杨 青 高霁月

特约编辑：鹿 瑶

插图绘制：竞仁文化

美术统筹：段 瑶

封面设计：段 瑶

北京联合出版公司出版

（北京市西城区德外大街83号楼9层 100088）

文畅阁印刷有限公司印刷 新华书店经销

字数10千字 720×787毫米 1／12 4印张

2018年5月第1版 2023年10月第7次印刷

ISBN 978-7-5596-1938-9

定价：24.90元

目录

脏兮兮的空气——大气污染

今天绿拇指小镇的天空又是灰蒙蒙的，小狗灵鼻子又不能出门玩耍了。街上的行人很少，长耳朵叔叔戴着口罩急匆匆地走着，土黄色的空气把爱丽猫开的车吞没了，就连树木也都无精打采。

环保小课堂 大气污染有多可怕？

大气污染对我们的健康危害很大，严重的大气污染甚至能在几天内夺走几千人的生命！雾霾和酸雨都是大气污染的表现。

雾霾一出现，蓝天就会消失，空气中充满了脏兮兮的灰尘，这些“脏”空气能直接进入并黏附在我们的呼吸道和肺中，引起多种疾病。

酸雨可不是味道酸酸的雨哦，它是被空气中的酸性气体污染的雨水。酸雨会污染、腐蚀建筑物，动植物淋了酸雨甚至会死亡。

雪去哪儿了——全球变暖
今年的冬天比往年暖和。冬天到了，绿拇指小镇一直没有下雪，空气十分干燥。
海豹妈妈买菜回来，发现儿子不见了！
妈妈，我去找雪了！
冰都融化了，上升的海水淹没了企鹅阿潘的家。
生病的人突然增多。
小蛇长长以为春天到了，早早从冬眠中醒来。
水像加了盐一样咸。
“咦，怎么还是冬天，小鸟灰灰还没有从南方回来啊？”
“呸呸，好咸！”

环保小课堂 全球变暖的恶果

让绿拇指小镇变得一团糟的罪魁祸首就是“全球变暖”。人类大量使用矿物燃料，排放出很多温室气体导致全球变暖，给生态系统带来了致命的打击。

气温升高，地表水分的蒸发就会加剧，天气既热又干，不仅雪消失了，南北极的冰川也开始融化，上升的海平面会淹没许多人和动物的家园。

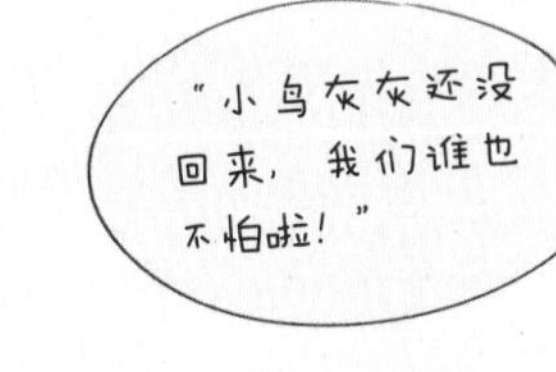

温暖的秋冬打乱了动物们的生活节奏，造成物种灭亡或物种泛滥成灾。人类也会因为气候的突变患各种疾病。

海水倒流回陆地，沿海地区的淡水混合了咸咸的海水，就既不能喝，也不能用了。

守护蓝天白云

绿拇指小镇的居民决心改变糟糕的空气质量。科学家研究发现，汽车排放的尾气会导致并加重雾霾、全球变暖等问题，那么守护小镇空气就先从"节能减排，绿色出行"开始吧！

熊猫胖达爱上了乘坐地铁去上班。
爱丽猫的车安装了尾气处理装置，你能发现变化吗？
说起走路的速度，谁也比不上猴子飞飞，他要去帮爸爸买节能灯泡。
无铅汽油
大家都开始使用对空气污染较小的无铅汽油。

清水不见了——水污染

最近，从小镇中心流过的大河变得黑漆漆、臭烘烘的。被污染的河水不仅让小镇变得又丑又臭，还严重影响了小镇居民的生活。

环保小课堂 水为什么变臭了？

小镇居民赖以生存的河水变成了“污水池”，都是因为它们在日常生活中做了很多会污染水质的事，只能自食恶果了。

一起来帮忙

珍惜每一滴水

为了拯救小镇的臭河，小镇居民改掉了以前的“坏习惯”，河水又变得清澈了。大家认识到水资源的重要性，更加珍惜每一滴水了，因为节约用水也是在保护它哦！

猴妈妈把洗过手的水倒进一个大桶里，她要开始擦地啦！

爱丽猫正用淘过米的水洗碗筷。

小海豹凯奇泡澡的时候非常乖，从来不乱扑乱闹，溅得满地水。

小狗灵鼻子家的洗衣机总是定位在低水位。

小猪佩佩洗手打香皂泡时，把水龙头拧得紧紧的，不浪费一滴水。

小老鼠尖尖用洗菜的水浇花。

好吵呀——噪声污染

最近，爱丽猫被一只叫“噪声”的“妖怪”缠上了。

10:00
爱丽猫正在给小动物们上课，突然从建筑工地传来一声巨响，大家都被吓了一跳。
19:00
楼上装修的声音传到了爱丽猫家的客厅，爱丽猫只好调大电视音量，这下变得更吵了！
20:00
爱丽猫正打算看书，可是隔壁又传来了震耳欲聋的音乐！
被“噪声妖怪”折磨了一天的爱丽猫，总算可以上床睡觉了。然而窗外飞机的轰鸣声、汽车的喇叭声却没有停息。
21:00
看来明天黑眼圈会更严重！

一起来帮忙

驱赶“噪声妖怪”

“噪声妖怪”的力量越来越大，严重影响小镇居民的生活。于是，大家想尽办法驱赶“噪声妖怪”，绿拇指小镇终于恢复了平静。一起来看看小镇居民是如何驱赶“噪声妖怪”的吧！

居民楼旁边的早市搬走了，没有了吵闹的叫卖声，只有小鸟在歌唱。

大家都遵守交通规则，在居民楼密集的地方尽量减少鸣笛。

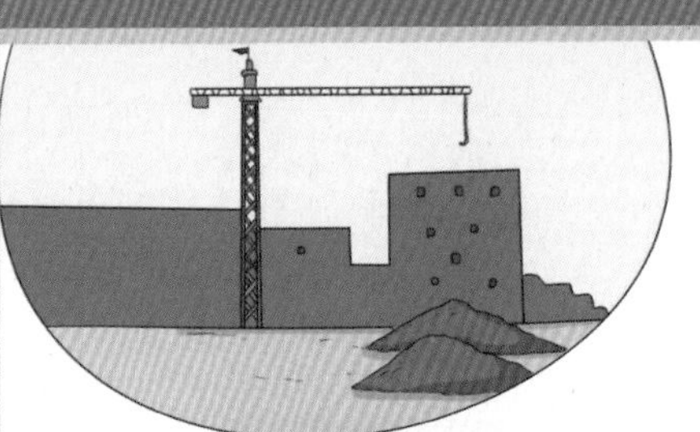

学校旁边的工地只在晚上开工，再也不会影响爱丽猫老师讲课了。

新搬来的企鹅阿潘一家正在给地板铺隔音板，他们不希望装修的声音打扰到爱丽猫。
经过礼貌的沟通，爱丽猫家的夜晚终于没有吵闹的音乐了。
真是对不起，以后我会把音响的声音关小的。
小区周围种上了绿化带，安上了隔音屏障，飞机和汽车的噪声都被挡住了，爱丽猫每晚都睡得很香，再也没有黑眼圈啦。

一座新“岛”——生活垃圾污染

绿拇指小镇的边缘出现了一座新“岛”，那是一座臭气熏天的垃圾岛，它不仅影响了小镇的空气，还占用了原本要建造花园的土地。小镇居民决定齐心协力清除垃圾岛。

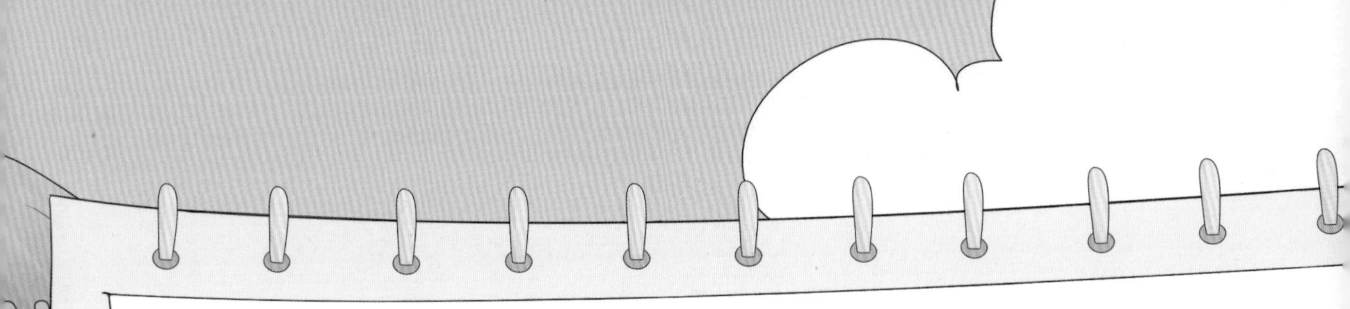

环保小课堂 垃圾岛是怎么来的？

日常生活中产生的固体废弃物被称为“生活垃圾”。生活垃圾的不恰当处理会占用大量土地，挤占宝贵的土地资源。大量的生活垃圾还会污染地表水、地下水、大气、土壤，给人们的健康造成危害。生活垃圾分为四大类：可回收垃圾、餐厨垃圾、有害垃圾和其他垃圾。可回收垃圾通过综合处理回收利用，可以减少污染，节省资源。有害垃圾如破碎或大量堆积的温度计等，如果没有妥善处理，会让人头痛、过敏、昏迷甚至患上癌症。

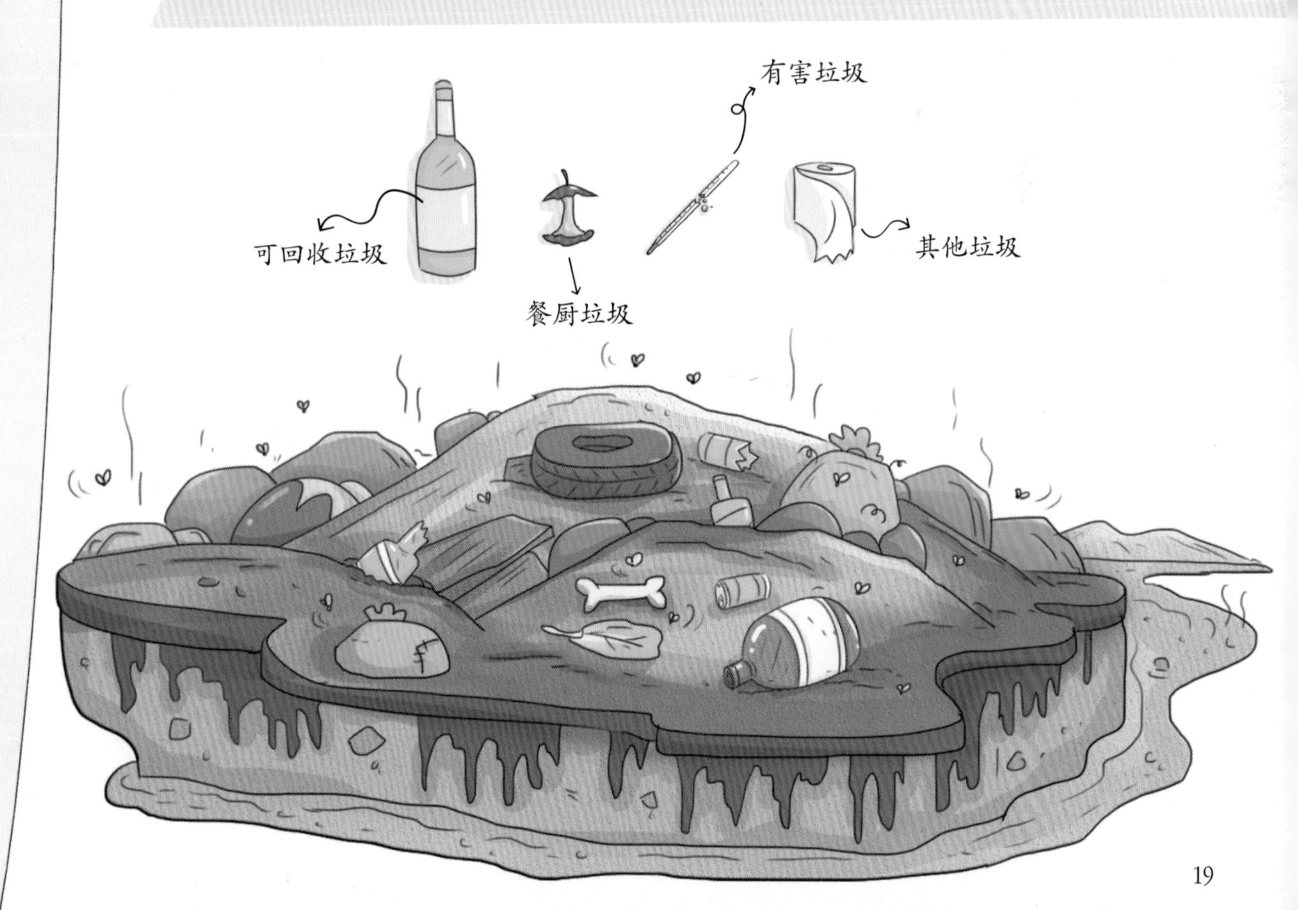

一起来帮忙

变废为宝真有趣

为了让垃圾岛尽快消失，并且不再制造出新的垃圾岛，小镇居民学会了废物再利用，居民们的生活突然变得好有趣。

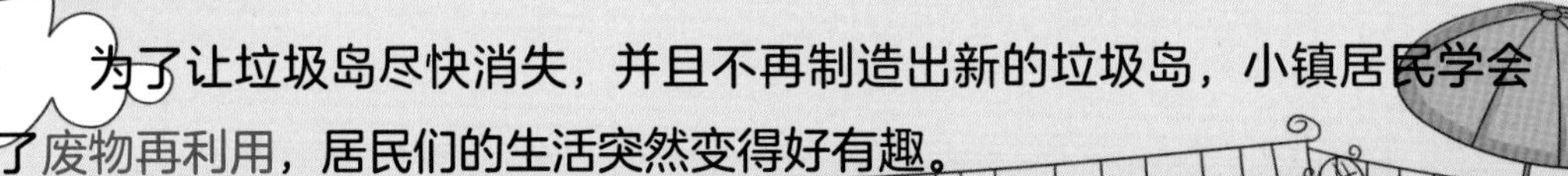

狗妈妈以前喜欢用卫生纸擦玻璃，现在她改用可以重复使用的毛巾啦。

小老鼠尖尖在打包自己的旧衣服和旧书，它要送给刚出生的小表弟。

爱丽猫把罐头瓶洗干净，做成了漂亮的新花瓶。

猪妈妈打开帆布购物袋，拿出从超市买回的食物。

环保小课堂 绿拇指小镇垃圾减少指南

1

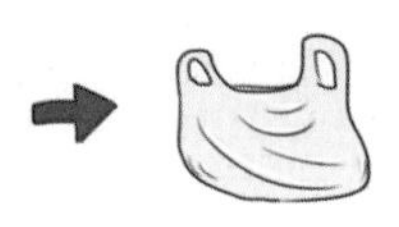

用可以反复使用的物品代替一次性消耗品，既能减少垃圾，又能节约资源。

2

改造身边的各种生活废品，制作成新的生活物品。

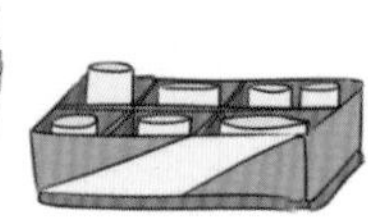

3

不用的旧衣物、旧书、旧玩具等不要丢弃，可以把它送给需要它的人。

4

充分实现可回收垃圾的循环利用，降低资源消耗。

5

不随手乱扔垃圾，正确进行垃圾分类。

小蛇长长、小鸟灰灰还有毛毛虫疯牙结伴去卖废品了。

一起来帮忙
垃圾大分类
小镇居民意识到“垃圾分类”和“废物利用”一样重要。因为垃圾分类可以最大限度地实现垃圾资源利用，减少垃圾处置量，改善环境质量。
垃圾转运站
垃圾在这里进行分类，分为有机物和无机物、可利用物和不可利用物。大体积的垃圾在这里被压缩。
根据垃圾的种类和用途，它们会被送往填埋场、堆肥厂和焚烧发电厂。
小型环保车在社区收取垃圾，然后运送到垃圾转运站。
填埋场
堆肥厂

环保小课堂

垃圾分类很简单！

可回收物：包括废纸、塑料、玻璃、金属、布料五大类。

有害垃圾：包括废电池、废日光灯管、废水银温度计、过期药品等。这类垃圾需要经过特殊的安全处理才能对自然环境无害，一定要记得把它们和其他垃圾分开。

厨余垃圾：包括剩饭剩菜、菜根菜叶、骨头等食品类废物。记得提醒妈妈把每天的厨房垃圾进行归类整理。

其他垃圾：砖瓦陶瓷、渣土、卫生间废纸、纸巾等都属于其他垃圾。

小行动，大效果

垃圾很可怕！

大多数人在 7 周内扔掉的垃圾和自己的身体一样重。人类每天消耗巨量的物品，产生的垃圾如果不能妥善处理，就会造成严重的环境污染，同时也是一种巨大的资源浪费。

每年，人类扔到海洋里的垃圾袋会使大约 100 万的海洋生物失去生命。

垃圾很有用！

回收 5 个塑料瓶，就能制作一件滑雪服的内层布料；26 个塑料瓶可以制作一整套滑雪装备。

回收 1 个金属罐节省的能源可以带动电视机连续工作 3 小时。

回收 1 吨废纸，可以少砍伐 17 棵树，节约 27276 升水，省下的电足够一个家庭使用 5 个月。

垃圾会变身！

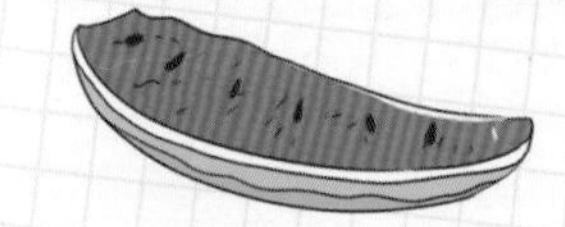

西瓜皮

可口小咸菜

废报纸

神奇抹布

不穿的旧衣服

漂亮餐垫

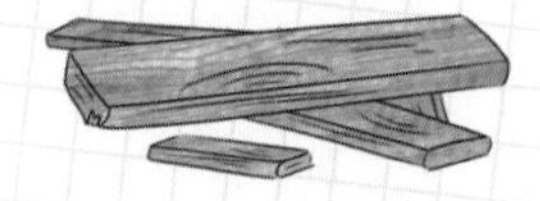

废旧木料

杂物收纳筐

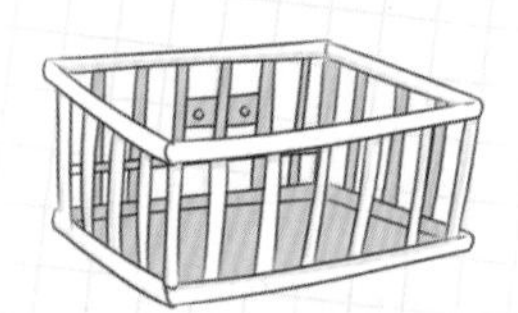

残破自行车盛物篮

墙面杂物架

闲置宠物笼

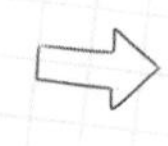

多层收纳架

蔬果园生病了——农业污染

老山羊丰收有一个蔬果园，小镇居民都很喜欢去那里野餐。可是最近蔬果园变了，不仅臭气熏天，而且蔬菜、水果都生病了。

黄瓜又小又蔫，还黄黄的，看起来一点也不好吃，而且黄瓜架下的土壤中泛着红色的锈水，吓得小鸟灰灰都不敢降落。

哇，草莓田好漂亮啊，小蛇长长想去草莓田欣赏风景，却被塑料薄膜困住了。

污水灌溉

工厂排入河流的废水中含有大量污染物，用被污染的河水灌溉农田，种出的蔬菜被人们吃了可能会生病。

农用薄膜

不可回收利用、不可降解的薄膜，使用后如未能合理处置，滞留在土壤中，难以分解，将对土壤造成污染，降低土壤肥力。

环保小课堂 农业污染是什么？

农业污染指农村地区在农业生产活动中对环境造成的污染，如过度使用化肥、农药造成的土壤污染、水体污染，大量畜禽粪便对水体造成的污染等。

旁边的西红柿植株上淋着满满的农药，土壤里洒满了化肥，小老鼠尖尖走在上面，觉得脚丫好疼啊，真后悔没穿鞋子出门。

卷心菜地里，到处都是臭烘烘的粪便，疯牙捏着鼻子，一点胃口也没有。

化肥施用

大量使用化肥会让土壤变硬，肥力下降；食物中的农药残留还会使人生病。

禽畜养殖

养殖场将牲畜粪便倒入河流或随意堆放，不仅会产生臭味，造成空气污染，还会导致水体富营养化，污染水质。

一起来帮忙
老山羊的梦想
老山羊丰收看到小镇居民们在蔬果园里的遭遇非常伤心，决心一定要帮蔬果园“治病”！丰收做了很多整治计划，累得睡着了，他做了一个很美的梦。
老山羊梦见他把农药都扔掉了，还让养殖场的经理老牛用大卡车把粪便都拉走了。
拒绝农药
老山羊丰收关闭了矿场，准备要多种一些小树。
禁止使用

农田被清澈的河水灌溉，肥沃的土壤里长出了巨大的草莓。
果蔬园变成了小镇居民最喜欢的地方，大家都很开心。

如果再也不来电——电力紧缺

绿拇指小镇最近总是停电，大家不喜欢停电，因为只要一停电他们的生活就会变得一团糟，比如：

爱丽猫看不了电视了。

小狗灵鼻子爱吃的雪糕全都融化了。

明天要考试，小老鼠尖尖只好点着蜡烛复习，蜡烛灯光太暗了，尖尖的眼睛好累啊。

街道黑漆漆的，孩子们都不敢出门和小伙伴玩耍，只好早早上床睡觉。

没有空调可以吹，小猴飞飞热得满头大汗。

猪妈妈不能烧热水，连饭也没法做。

环保小课堂

为什么小镇总是停电呢？

产生电的方式主要有火力发电（利用煤等可燃烧物）、水力发电、核能发电等，这些发电方式各有利弊，都会造成能源消耗，还会造成不同程度的环境污染。

地球上的能源越来越少，人口却越来越多，用电量也随之增长，能源告急或者电路故障时，就会停电。

用不完的能源——绿色用电

用不完的能源就是指“可再生能源”，是指原材料可以再生的能源。风、水、阳光、地球本身的热量都是可再生能源。用它们代替石油和煤炭，我们就不用担心环境污染和资源枯竭了。

风能

风车把风力转化为电能，供人们使用。

水力

为了使用水力发电，人们建起了水库。

海洋能

潮汐发电是水力发电的一种形式。除去潮汐产生的能量，上下层海水的温差、海洋中的波浪都可以用来发电。

生物质能

生物质能是世界上应用最广泛的可再生能源，仅次于煤炭、石油、天然气的消耗量。常见的生物质能有秸秆、芒草、柳枝稷、麻、玉米、杨树、柳树、甘蔗、藻类、沼气、牛粪等。

太阳能

阳光也能用来发电。太阳能电池板吸收阳光，再把吸收的太阳辐射转化成电能。

地热能

来自地球深处的水和岩浆为地壳表层带来了热量，这些热量除了用来发电外，还可以用来供暖。

节约用电

没有人喜欢停电，小镇上的居民开始想尽各种办法节约用电。

白天拉开窗帘，让阳光照进来，就不用开灯了。

随手关灯，人走灯灭。

饭煮好了，猪妈妈及时拔掉电饭锅的电源。

小老鼠尖尖调小了电视的音量，不仅可以省电还不会打扰到邻居。

企鹅爸爸给新房子装上了节能灯。

小狗灵鼻子的妈妈及时清除电冰箱内壁的霜层，可以让冰箱更省电。

环保小课堂
一度电的作用

你知道吗？节约一度电，可以用来做很多事哦：

1. 让一般家用 25 瓦的灯泡连续点亮 40 个小时。
2. 让电风扇连续运转 15 个小时。
3. 让一台空调运行 1.5 个小时。
4. 让家用冰箱运行 24 小时。
5. 让电视机播放 10 个小时。
6. 供一个人使用热水器淋浴 1 次。

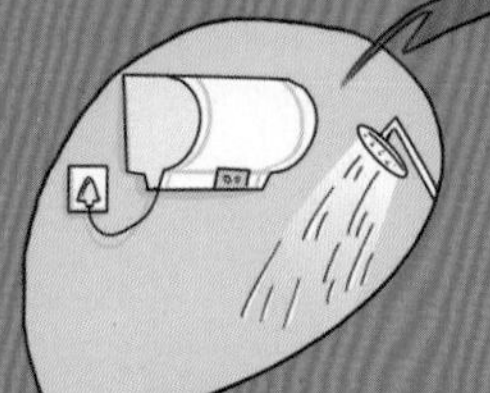

吃绿色的怪物——沙尘暴

绿拇指小镇今年怪事频发。昨天，风像大怪兽一样嚎叫了一夜。早上大家发现小镇完全变了样子。

天空被黄色覆盖，到处都是黄色的沙尘。大风把树木刮得东倒西歪。大家只好紧紧关着窗户，谁也不敢出门。

环保小课堂 绿色去哪了？

由于人类过度放牧、过度开垦农田，导致草原和林地逐渐消失，最终变成荒漠，这个过程叫作“土地荒漠化”。

没有了地表植被的阻挡，大风从荒漠中吹过，就会扬起漫天的沙尘，形成可怕的沙尘暴。

轰隆隆隆隆！山倒了——山体滑坡

小鸟灰灰的羽毛终于长好了，它在天上开心地飞着，突然听到“轰隆隆”的巨大声音，灰灰吓坏了。

环保小课堂 大山为什么"倒"下了？

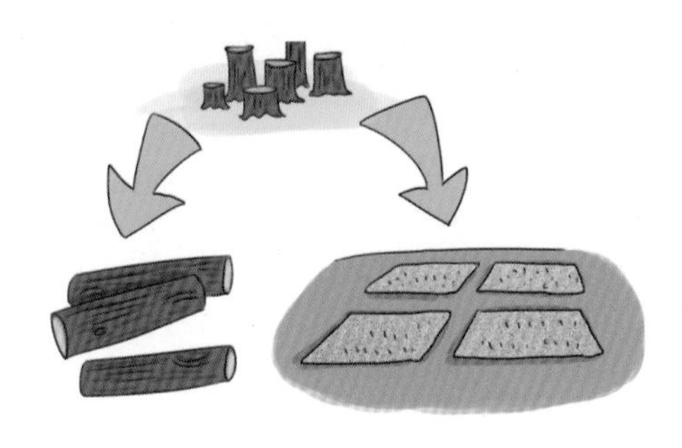

人们为了获取木材、矿石，或开垦新的田地，无节制地砍伐山上的树木。

山上的树木能够缓解暴雨对山体的冲击。如果人们过度砍伐，让大山变得光秃秃，下雨时，就很容易出现山体滑坡，甚至发生泥石流。

一起来帮忙

守护绿色就是守护家园

经历了可怕的沙尘暴和山体滑坡事件，绿拇指小镇的居民终于意识到保护树木的重要性。纸就是用大树做成的，于是小镇居民想出很多办法来节约用纸。让我们一起去看看鲸鱼杂志社是怎么做的吧！

环保小课堂 节约用纸有妙招！

树木是日常生活中必不可少的重要资源。盖房子、制作纸张和一次性筷子等都需要使用大量的树木。

用电子邮件代替贺卡、纸张两面都用完再扔掉、废纸集中回收再利用、拒绝使用一次性纸杯和一次性筷子、拒绝纸质广告宣传单等都是节约用纸的好方法。

大家都用自带的水杯喝饮料。

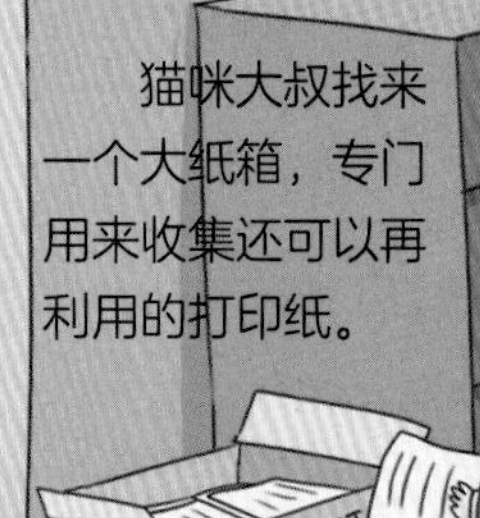

猫咪大叔找来一个大纸箱，专门用来收集还可以再利用的打印纸。

鲸鱼杂志社

废品回收站的工作人员正把废纸、废报搬到一起，准备运走。

遗憾的是，小老鼠尖尖的宣传单一份都没发出去。

编辑室
山羊小咩在抽屉里攒了很多用过的打印纸，他打算用背面来写笔记。

远在胡子城的外公要过生日了，长耳朵叔叔今年不打算寄生日卡片，他正在写祝贺邮件。

我们不提供一次性筷子！
保护鸟类
外卖

海豹叔叔把自己的筷子借给了企鹅小姐。
财务室

小镇新居民——生物多样性减少

最近，绿拇指小镇搬来了许多新居民。好奇的小老鼠尖尖想和他们成为朋友，于是逐一拜访他们的新家，却没想到听到了很多令人伤心又气愤的故事。

5. 鼹鼠地皮家

地皮怀疑人类在跟踪他，因为它每挖一个新家，人类就会在上面铺一条铁路。

环保小课堂 揭秘物种灭绝

据统计，地球上每天都会有70余个物种灭绝；每一小时，就有3个野生珍稀物种在地球上消失。

地球正在遭受一场严重的生物多样性危机，而人类活动是造成物种大灭绝的主要原因。

伐木和占地让很多动植物失去了赖以生存的家园。

公路、铁路、电话网络、水沟等人为设施的建立，限制了动物的活动范围，影响其觅食、迁徙和繁殖，还会影响植物花粉和种子的传播。

对生物资源的掠夺式开发导致生物多样性下降，其中，偷猎、滥挖、走私野生动植物产生的威胁最为严重。

地球需要你，神奇的珍稀植物

请守护这些珍贵的植物，不要让它们在中国的土地上消失。

水杉

适应性强，即使在水里也能正常生长。

珙桐

历史悠久，被誉为“植物界活化石”。

台湾杉

主要分布于台湾地区，是亚洲能长得最高的树。

银杉

非常珍贵，被植物学家称为“植物界的大熊猫”。

金花茶

罕见的金黄色茶花，被誉为“茶族皇后”。

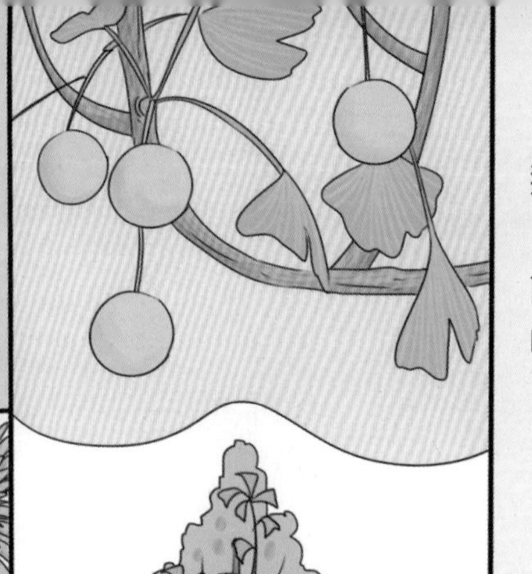

鹅掌楸

开出的花大而美丽，树叶的形状像鹅的脚掌。

望天树

高 40 ~ 60 米，果实很少，不易采种。

银杏

果实叫“白果”。生长缓慢，是树中的“寿星”。

金钱松

高达 40 余米，3 ~ 5 年才结一次果。

桫椤（suō luó）

一种能长成大树的蕨类植物，有“蕨类植物之王”的美誉。

寻找那些好久不见的动物

很多动物已经几十年没有在中国留下任何踪迹，它们可能已经灭绝或濒临灭绝。“铭记、寻找、保护”是我们的使命，希望这样的悲剧不再重演。

新疆虎

据考证，人类最后一次发现新疆虎是在 1916 年。新疆虎很可能已经因为栖息地的破坏和人类的捕杀而灭绝。

台湾云豹

又叫龟纹豹。由于人类的过度捕杀与栖息地被破坏，1972 年之后再未发现过它的踪迹，2013 年 4 月，当地学者宣布，该物种可能已经灭绝。

高鼻羚羊

别名赛加羚。因为羚羊角是名贵的药材，所以这种动物遭到了人类的大量捕杀。目前该物种在多个地区出现区域性灭绝。中国已经没有这种动物了。

白头鹳（guàn）

是一种大型涉禽，从 20 世纪 50 年代之后就再也没有野生白头鹳被发现的报道，中国境内可能灭绝。

中国犀牛

犀角的经济和药用价值极高，使它们从远古时代便受到人类的大肆猎杀。1922 年之后再也没有人见过中国犀牛。

直隶猕猴

人们对雾灵山森林树木的砍伐，直接导致直隶猕猴消失多年，极有可能已经灭绝。

游戏时间
帮忙捡垃圾
夜里，有个小捣蛋潜入绿拇指小镇，把垃圾扔得到处都是。
早上到了，小镇居民被街上的景象吓坏了。
快拿起笔连一连，帮小镇居民做垃圾分类吧！
MILK
（分类方法见第23页）
可回收物
厨余垃圾
有害垃圾
其他垃圾

扫码听书，
回复关键词“环保”

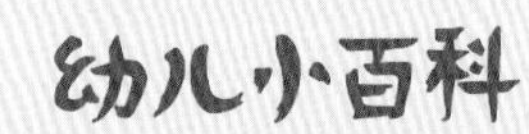

环境保护课

绿拇指小镇曾经是个很美的地方，

突然有一天，雾霾怪、垃圾兽、噪声妖在小镇肆虐，

天空变灰了，河水变臭了，小花枯萎了。

情况紧急！快和我们一起赶走“污染怪兽”吧！

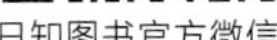

ISBN 978-7-5596-1938-9
9 787559 619389

定价：24.90元

幼儿小百科

张玉光◎编著

不一样的恐龙

北京联合出版公司

作者简介

张玉光

博士，北京自然博物馆科学研究部研究员、副主任。

主要从事古生物学（恐龙及古鸟类）及鸟类学的科研、科普工作。入选2010年“新世纪百千万人才工程”北京市级人选；获2012年北京市科学技术研究院优秀科技成果奖；获2013年北京市科学技术奖一等奖、三等奖各1项；2016年当选北京市科学技术研究院创新团队首席专家。